从这里开始探索第一步，让孩子从此爱上科学吧！

风是怎样形成的

周冲 文/图

我的第一套
科学探索
绘本

云南出版集团　云南美术出版社

图书在版编目（CIP）数据

风是怎样形成的 / 周冲文、图. -- 昆明 ： 云南美
术出版社，2023.7
（大自然的奥秘）
ISBN 978-7-5489-5400-2

Ⅰ．①风… Ⅱ．①周… Ⅲ．①风—儿童读物 Ⅳ.
①P425-49

中国国家版本馆CIP数据核字(2023)第128776号

责任编辑：何　花
责任校对：赵雪妮 李志敏 缪　伟
出版统筹：新奇遇•周　冲汤　雯
丛书策划：宁　阳 张文璞 肖　超
装帧设计：新奇遇•管　裴 刘赣立

大自然的奥秘

风是怎样形成的

周　冲 文/图

出版发行：云南出版集团 云南美术出版社
（云南省昆明市西山区环城西路 609 号）
印　　刷：三河市兴国印务有限公司
开　　本：787 mm×1092 mm　1/12
印　　张：13.5
字　　数：150千
版　　次：2023年7月第1版
印　　次：2023年10月第1次印刷
书　　号：ISBN 978-7-5489-5400-2
定　　价：100.00 元（全5册）

写给孩子的"大自然的奥秘"

　　每个孩子都是天生的科学家，他们总是对大自然充满好奇，渴望了解奇妙的昆虫、走近神奇的植物、探究风的成因……

　　这套"大自然的奥秘"绘本正好可以满足孩子的求知欲望，增长他们的智慧。如书中通过小蜜蜂的一次奇妙的旅行，介绍了蜻蜓、蝈蝈和萤火虫等昆虫的生活习性；野鸭婆婆对小青蛙的教导，指出原来植物还有一个鲜为人知的秘密；一颗小水滴的奇遇，揭示了水的生命历程。

　　在这种轻松而有趣的阅读中，孩子还能欣赏到细腻而精美的画面。与此同时，书中又巧妙地设计了"成长笔记"和"延伸阅读"两个小栏目，它们将有效激发孩子的想象力，使其更加热爱科学。

　　快来和我们一起翻开这套书，去探索大自然的奥秘吧！

乐乐是个无忧无虑的风宝宝。她常常喜欢在屋顶上和小猫赛跑，或牵着风筝在天空中起舞。不过，她有时也会很淘气，比如抢走小朋友的气球，或掀开老伯伯的假发。

成长笔记

风的来向就是风向，比如从东边吹来的风就是东风。

这天，乐乐又想找小猫玩耍，可小猫正在和猫妈妈一起滚毛线球。乐乐于是去找小朋友，但小朋友正和他的妈妈在客厅里做游戏。乐乐敲敲门又敲敲窗，还是没有人理她。

　　透过玻璃窗，乐乐看着房间里温馨的一家人，不禁失落地想："小猫和小朋友都有妈妈陪伴，而我却孤零零的，我究竟是从哪儿来的呢？"

乐乐决定去问小草。小草朋友多，他们一定知道。

"小草，请问……"乐乐刚开口说话，却发现小草们都弯着腰，低着头。

"原来，小草们还在睡觉啊！"乐乐自言自语道。

乐乐又去找大树。大树年纪大，知道的事情肯定不少。

"大树伯伯，您知道我是从哪里来的吗？"乐乐有礼貌地问。

成长笔记

风除了能带来凉爽，还
有推动风车发电、帮助植物
传播花粉等作用。

可大树并没有回答乐乐的问题，只是发出"沙沙沙"的声响。

乐乐想："大树伯伯正在唱歌呢，还是不打扰他了。"

不知不觉，乐乐来到了河边。呀，小河喜欢旅行，他一定见多识广。

乐乐俯身问道："小河，小河，你知道我是从哪里来的吗？"

乐乐话音刚落，水面就出现了一条条波纹。

"让我想想。"小河皱着眉头认真地思考着。

乐乐等啊，等啊，过了好久，小河都没有想出答案。

成长笔记

　　夏季，我国沿海地区经常会发生台风。台风会毁坏房屋，淹没港口，影响我们的生活。

顺着河水，乐乐又来到海边。大海真大啊！乐乐决定问问大海。

她深吸一口气，使出全身力气向大海喊道："大海，我是风宝宝乐乐，请问您知道我是从哪里来的吗？！"

"哗啦啦……"海面卷起了无数的浪花，大海听见了乐乐的疑问。

可过了一会儿，大海却对乐乐说："对不起，我不知道。你去问问云朵吧。"

乐乐抬起头，刚好看见高空中飘着一大团白云。

对啊，云朵站得高看得远，他一定知道我是从哪里来的。

乐乐于是高兴地来到云朵身边，可刚凑近，本来聚在一起的云朵马上就向四周散开了。

云朵散开后，红红的太阳露出来了。

乐乐感觉很奇怪，她想："难道云朵是想让我去问太阳？"

成长笔记

空气流动得越快，风的力量就越大。

乐乐来到太阳身边，问："太阳，太阳，你知道我是从哪里来的吗？"

"你是我创造出来的呀！" 太阳微笑着说，"地球表面的空气晒了太阳后，就会越飞越高。空气宝宝们都想飞高，于是争先恐后地往有阳光的地方跑，跑着跑着就有了你。"

风 的等级

我们常常按照风的影响力，将风划分为 13 个等级。关于风的等级，还有一首有趣的歌谣。

零级无风炊烟上，一级软风烟稍斜，
二级轻风树叶响，三级微风树枝晃，
四级和风灰尘起，五级清风水起波，
六级强风大树摇，七级疾风步难行，
八级大风树枝折，九级烈风烟囱毁，
十级狂风树根拔，十一级暴风陆罕见，
十二级飓风浪滔天。

一年四季的风

春天吹东风。东风湿润，使万物复苏。

夏天吹南风。南风温暖，又特别火辣。

秋天吹西风。西风凉爽，常伴随秋雨。

冬天吹北风。北风寒冷，干燥又刺骨。

太阳是一个非常巨大而炙热的气态星球。它大概能"活"100亿岁,目前还可以熊熊燃烧50亿年呢!

太阳是太阳系的中心,这里的星球都会围绕着它转圈,地球也是绕着太阳公转的一分子。

太阳为地球提供了光和热,是地球生命的源泉!

从这里开始**探索**第一步，让孩子从此爱上**科学**吧！

大自然的
奥秘

小水滴历险记

周冲 文/图

我的第一套
科学探索
绘本

云南出版集团　云南美术出版社

图书在版编目（CIP）数据

小水滴历险记 / 周冲文、图. -- 昆明 ： 云南美术
出版社，2023.7
（大自然的奥秘）
ISBN 978-7-5489-5400-2

Ⅰ．①小… Ⅱ．①周… Ⅲ．①水—儿童读物 Ⅳ．
①P33-49

中国国家版本馆CIP数据核字(2023)第128775号

责任编辑：何　花
责任校对：赵雪妮 李志敏 缪　伟
出版统筹：新奇遇•周　冲 汤　雯
丛书策划：宁　阳 张文璞 肖　超
装帧设计：新奇遇•管　裴 刘赣立

大自然的奥秘

小水滴历险记

周　冲 文/图

出版发行：云南出版集团 云南美术出版社
（云南省昆明市西山区环城西路 609 号）
印　　刷：三河市兴国印务有限公司
开　　本：787 mm×1092 mm　1/12
印　　张：13.5
字　　数：150千
版　　次：2023年7月第1版
印　　次：2023年10月第1次印刷
书　　号：ISBN 978-7-5489-5400-2
定　　价：100.00 元（全5册）

写给孩子的"大自然的奥秘"

每个孩子都是天生的科学家，他们总是对大自然充满好奇，渴望了解奇妙的昆虫、走近神奇的植物、探究风的成因……

这套"大自然的奥秘"绘本正好可以满足孩子的求知欲望，增长他们的智慧。如书中通过小蜜蜂的一次奇妙的旅行，介绍了蜻蜓、蝈蝈和萤火虫等昆虫的生活习性；野鸭婆婆对小青蛙的教导，指出原来植物还有一个鲜为人知的秘密；一颗小水滴的奇遇，揭示了水的生命历程。

在这种轻松而有趣的阅读中，孩子还能欣赏到细腻而精美的画面。与此同时，书中又巧妙地设计了"成长笔记"和"延伸阅读"两个小栏目，它们将有效激发孩子的想象力，使其更加热爱科学。

快来和我们一起翻开这套书，去探索大自然的奥秘吧！

在人类居住的地球上，大部分面积都被海洋覆盖着。从太空看去，地球好像一个蓝色的大水球。而我，就是其中的一个小水滴。

我在海洋里一直过着自由自在的生活。可是有一天，当我从海底游到海面玩耍时，在太阳公公的照射下，我感觉自己的体温开始逐渐上升。接着，我像变魔术一样，成为水蒸气升到了高空中。

成长笔记

　　水在常温状态下，会慢慢变成水蒸气飞散到空气中，这种现象被称作"蒸发"。

一路上，我遇到了很多同伴，所以我一点儿也不害怕。

我们越升越高，可高空中的温度却越来越低，然后我们又变回了水滴。

"好冷啊，我们抱在一起，互相取暖吧！"有个同伴哆嗦着说。

他的话刚说完，就有几个伙伴已经紧紧地抱在一起了，慢慢地，越来越多……无数的我们聚集在一起，竟形成了一片大大的云朵。

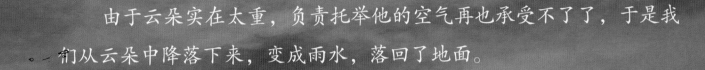

由于云朵实在太重，负责托举他的空气再也承受不了了，于是我们从云朵中降落下来，变成雨水，落回了地面。

成长笔记

天空中有不同颜色的云，这是由云的厚度决定的。云越厚，颜色就越暗；云越薄，颜色就越亮。

我以为自己终于能够回到海洋，可不幸的是，我由地面渗入到土壤中，成了地下水。我很想离开这里，但四周漆黑一片，我不知道该往哪儿走，只好一边等一边想办法。

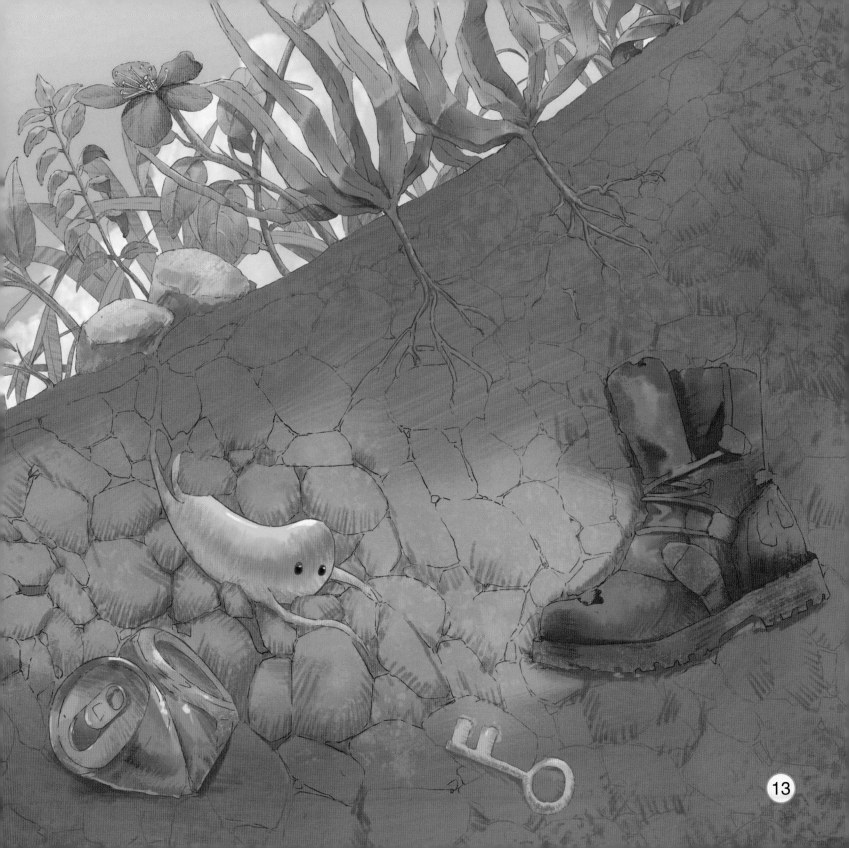

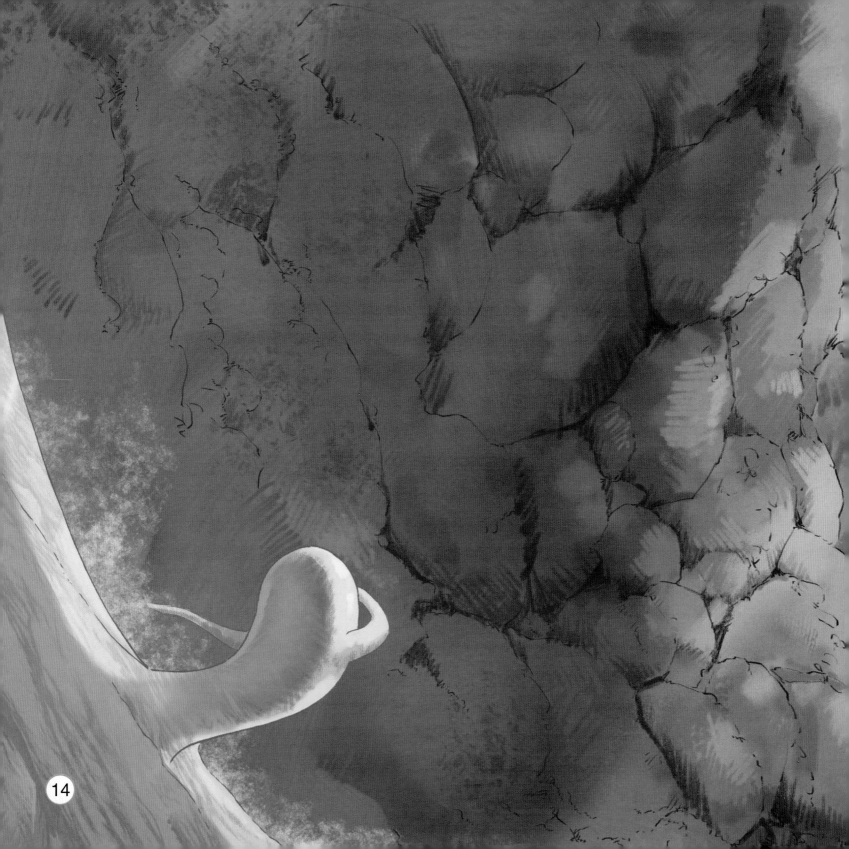

这天，我突然听到一阵"轰隆隆"的声音。当我知道那是人类在开采地下水时，心里别提有多高兴啦！

后来，我很荣幸地被人类用来浇灌小树苗。经过我的滋润，小树苗看起来精神多了。

17

不过很快，我就从小树苗叶子上的气孔里钻出来，成了一颗晶莹别透的露珠。

"哇，外面的空气真新鲜！"我正感叹着，谁知，一阵微风迎面而来，把我吹到地上摔了个底朝天。

成长笔记

露珠一般在晚上形成，等到太阳出来，温度渐渐升高，它就蒸发消失了。

我好不容易才翻过身来，又沿着地面来到了一条小河里。我看到成群的鱼儿和小虾，他们一边嬉闹，一边吐着泡泡，真是快乐啊！
"我也要做一个快乐的小水滴。"我心想。

21

我高兴地游着，没想到来到了一个大工厂。那里的工人都穿戴得十分整洁，环境也非常优美。还没来得及看一眼里面的设备，我就流到了一个奇怪的池子里。

当我离开池子的时候，我感觉身体变得轻松了很多，而且更干净了。

"呜呜呜，我怎么变得像个怪物啊……"我仔细地打量自己，忍不住哭了起来。

"别担心，小水滴，你刚才只是去了一趟污水净化池。瞧，你现在多美啊！"一只路过的小螃蟹安慰我说。

成长笔记

污水净化是指采用各种技术将污水中含有的污染物分离出来，使它得到净化的过程。

　　"是吗，那真是太好了，谢谢你告诉我这些。"听了小螃蟹的一番话，我的心情一下子好了许多。

　　和小螃蟹分别后，我拼命地游啊游，最后终于回到了大海的怀抱。

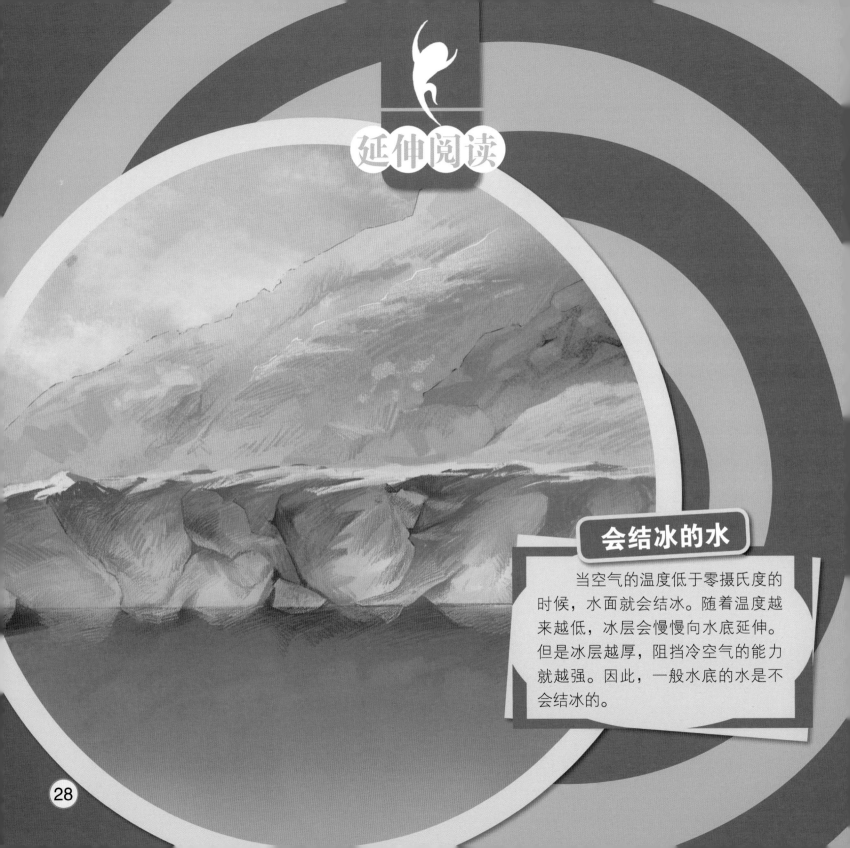

会结冰的水

当空气的温度低于零摄氏度的时候，水面就会结冰。随着温度越来越低，冰层会慢慢向水底延伸。但是冰层越厚，阻挡冷空气的能力就越强。因此，一般水底的水是不会结冰的。

√ 正确示范

可以导电的水

我们平常用的水中含有可以导电的物质，虽然导电性很弱，但也会对人造成伤害，甚至有生命危险。所以，大家千万不要用湿手按开关或拔插电源。

✕ 错误示范

　　水是地球上最常见的物质之一，地球的表面大约 71% 被水覆盖。水是生物的生命源泉，人体内大约 70% 是水。但人无法直接饮用海水，只能喝淡水。

　　水有软硬之分。硬水里含有许多矿物质，软水很少含或者不含矿物质。雨水、雪水、蒸馏水等是软水，井水、泉水是硬水。

奇妙的昆虫

周冲 文/图

我的第一套
科学探索
绘本

云南出版集团　云南美术出版社

图书在版编目（CIP）数据

奇妙的昆虫 / 周冲文、图. -- 昆明 ： 云南美术出版社，2023.7
（大自然的奥秘）
ISBN 978-7-5489-5400-2

Ⅰ．①奇… Ⅱ．①周… Ⅲ．①昆虫－儿童读物 Ⅳ．①Q96-49

中国国家版本馆CIP数据核字(2023)第128777号

责任编辑：何　花
责任校对：赵雪妮 李志敏 缪　伟
出版统筹：新奇遇•周　冲 汤　雯
丛书策划：宁　阳 张文璞 肖　超
装帧设计：新奇遇•管　裴 刘赣立

大自然的奥秘

奇妙的昆虫

周　冲 文/图

出版发行：云南出版集团 云南美术出版社
（云南省昆明市西山区环城西路 609 号）
印　　刷：三河市兴国印务有限公司
开　　本：787 mm×1092 mm　1/12
印　　张：13.5
字　　数：150千
版　　次：2023年7月第1版
印　　次：2023年10月第1次印刷
书　　号：ISBN 978-7-5489-5400-2
定　　价：100.00 元（全5册）

写给孩子的 "大自然的奥秘"

　　每个孩子都是天生的科学家，他们总是对大自然充满好奇，渴望了解奇妙的昆虫、走近神奇的植物、探究风的成因……

　　这套"大自然的奥秘"绘本正好可以满足孩子的求知欲望，增长他们的智慧。如书中通过小蜜蜂的一次奇妙的旅行，介绍了蜻蜓、蝈蝈和萤火虫等昆虫的生活习性；野鸭婆婆对小青蛙的教导，指出原来植物还有一个鲜为人知的秘密；一颗小水滴的奇遇，揭示了水的生命历程。

　　在这种轻松而有趣的阅读中，孩子还能欣赏到细腻而精美的画面。与此同时，书中又巧妙地设计了"成长笔记"和"延伸阅读"两个小栏目，它们将有效激发孩子的想象力，使其更加热爱科学。

　　快来和我们一起翻开这套书，去探索大自然的奥秘吧！

　　"嗡嗡嗡"，一棵大树上倒挂着一个漂亮的蜂巢，里面住着一群幸福又快乐的蜜蜂。

今天是蜂王莉莉和雄蜂亮亮结婚的日子，蜂巢里热闹极了，负责蜂巢所有工作的工蜂也都忙得不亦乐乎。

○ 成长笔记

蜜蜂喜欢过群居生活，通常一个蜂群由一只蜂王、少量雄蜂和许多工蜂组成。

一转眼，莉莉就要生小宝宝了。在工蜂们无微不至的照顾下，她顺利地生下了约3000个小宝宝。这些小宝宝都健康地长大了。

蜜蜜是个非常喜欢问问题的蜂宝宝。一天，他看到一只工蜂在蜂巢外兴奋地跳着圆圈舞，便问："阿姨，您为什么跳舞呀？"

工蜂笑眯眯地说："我是在告诉大家附近有蜜源呢。"

成长笔记

工蜂是一种不能生宝宝的雌性蜜蜂，它们的寿命比雄蜂长，但一般也只有几个月。

　　"噢，"蜜蜜摸了摸脑袋，又问，"可是如果蜜源很远，您还跳这样的舞吗？"

　　"当然不是，那时我就会跳'8'字舞了。"工蜂一边跳着舞一边回答蜜蜜的问题。

看到大家都在忙，蜜蜜也不想闲着，于是在蜂王的同意下开始了他的第一次户外旅行。

飞呀飞呀，蜜蜜在池塘边发现一只雌蜻蜓正用尾巴在水里一点一点的，水面上还泛着涟漪。

"哇，好有趣的蜻蜓点水！"蜜蜜兴奋地说。

"我可不是在点水，而是在生小宝宝呢。我们的宝宝都是生活在水里的，等他们长大后，就可以像我一样飞起来了。"雌蜻蜓说。

成长笔记

　　蜻蜓的一生要经过卵、稚虫和成虫三个阶段，在由稚虫蜕变为成虫的过程中，不需要结蛹。

　　"那他们要多久才能飞呢？到时我可以和他们做朋友吗？"蜜蜜迫不及待地问。

　　雌蜻蜓笑了笑，说："当然可以啊，只是他们还要两年左右才能飞，到时你就是他们的大哥哥了。"

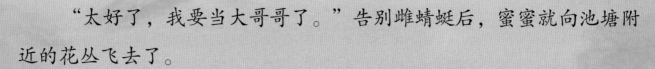

　　"太好了，我要当大哥哥了。"告别雌蜻蜓后，蜜蜜就向池塘附近的花丛飞去了。

　　刚靠近花丛，蜜蜜就听到里面传来一阵悦耳的歌声，探头一看，原来是一只雄蝈蝈发出来的。

"蝈蝈大哥，你的歌声真好听！"蜜蜜情不自禁地赞美道。

"嘘，那可不是我的歌声，而是我的翅膀摩擦发出来的声音哟！这是为了要吸引我心爱的姑娘呢！"雄蝈蝈很小声地说。

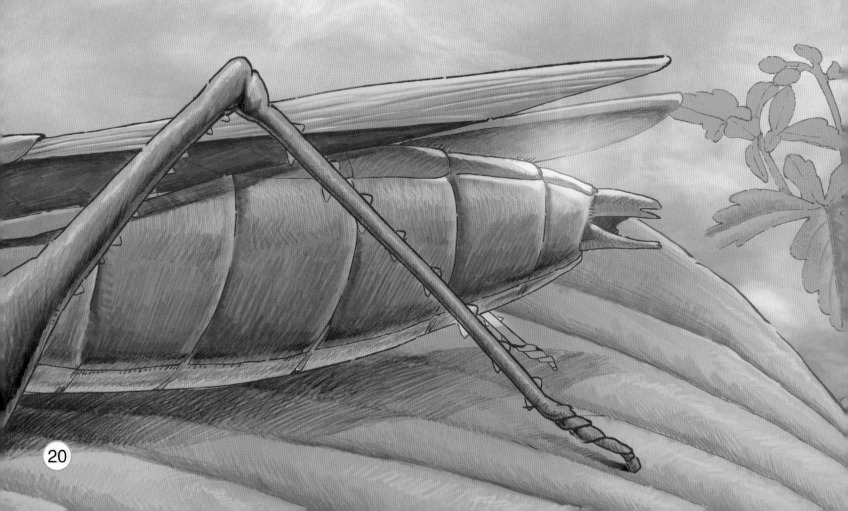

没过多久，果然有一只雌蝈蝈跳了出来，恰好落在雄蝈蝈身边。
"她一定就是那个心爱的姑娘吧！"蜜蜜一边扑扇翅膀、一边喃喃自语。

不知不觉，天快黑了，蜜蜜这才想起来要赶紧回家。

他一个劲儿地往家飞，突然看到身旁有零星的闪光，便感叹道：

"这难道是天上掉下来的星星吗，怎么也一闪一闪的呀？"

"哈哈，我们不是星星，你没看出我们是萤火虫吗？我们会闪光是因为体内有专门的发光细胞。"一只萤火虫说，"你一定是急着回家吧，天这么黑，我们送送你吧。"

一路上，蜜蜜又听了很多关于萤火虫的故事。

成长笔记

萤火虫是通过"灯语"来交流信息的，同一种萤火虫之间还能用这种"灯语"联络，结成配偶。

蝴蝶 是怎么 传播花粉的？

蝴蝶传播花粉并不是有意识进行的，它们飞到花朵上面其实是为了吸食花蜜，而恰好花朵上的花粉会沾到身上。当蝴蝶再去吸食其他花朵的花蜜时，沾到身上的花粉会掉到其他花朵上，这样就被动地传播花粉了。

屎壳郎 为什么 喜欢滚粪球?

屎壳郎滚粪球是为了繁殖后代。别看粪便臭不可闻，对于屎壳郎的宝宝来说，可是维持生命必不可少的食物。宝宝还没有出生，妈妈就为它们准备了丰盛的食物。一堆大象的粪便，就能够养活约 7000 只屎壳郎呢。

蜂蜜是蜜蜂酿制的蜜。蜂蜜一般含有几种类型植物的花粉或花蜜，含有两种以上的蜜叫作"百花蜜"。

蜂蜜含有很多营养物质，如葡萄糖、维生素、矿物质、氨基酸等。它的用途很多，可以作为营养滋补品，可以药用，可以加工蜜饯食品，还可以酿造蜜酒等。

石头的故事

周冲 文/图

我的第一套
科学探索
绘本

云南出版集团　云南美术出版社

图书在版编目（CIP）数据

石头的故事 / 周冲文、图. -- 昆明 ： 云南美术出
版社，2023.7
（大自然的奥秘）
ISBN 978-7-5489-5400-2

Ⅰ．①石… Ⅱ．①周… Ⅲ．①岩石—儿童读物 Ⅳ.
①P583-49

中国国家版本馆CIP数据核字(2023)第128774号

责任编辑：何　花
责任校对：赵雪妮 李志敏 缪　伟
出版统筹：新奇遇•周　冲 汤　雯
丛书策划：宁　阳 张文璞 肖　超
装帧设计：新奇遇•管　裴 刘赣立

大自然的奥秘

石头的故事

周　冲 文/图

出版发行：云南出版集团 云南美术出版社
（云南省昆明市西山区环城西路 609 号）
印　　刷：三河市兴国印务有限公司
开　　本：787 mm×1092 mm　1/12
印　　张：13.5
字　　数：150千
版　　次：2023年7月第1版
印　　次：2023年10月第1次印刷
书　　号：ISBN 978-7-5489-5400-2
定　　价：100.00 元（全5册）

写给孩子的 "大自然的奥秘"

每个孩子都是天生的科学家，他们总是对大自然充满好奇，渴望了解奇妙的昆虫、走近神奇的植物、探究风的成因……

这套 "大自然的奥秘" 绘本正好可以满足孩子的求知欲望，增长他们的智慧。如书中通过小蜜蜂的一次奇妙的旅行，介绍了蜻蜓、蝈蝈和萤火虫等昆虫的生活习性；野鸭婆婆对小青蛙的教导，指出原来植物还有一个鲜为人知的秘密；一颗小水滴的奇遇，揭示了水的生命历程。

在这种轻松而有趣的阅读中，孩子还能欣赏到细腻而精美的画面。与此同时，书中又巧妙地设计了 "成长笔记" 和 "延伸阅读" 两个小栏目，它们将有效激发孩子的想象力，使其更加热爱科学。

快来和我们一起翻开这套书，去探索大自然的奥秘吧！

高高的山顶上有一块非常大的石头，他每天都在欣赏风景中打发时间，生活过得无忧无虑。可是突然有一天，石头看见一只老鹰在天空中展翅飞翔，很是威风，便心想："为什么我不去做一些有意义的事情呢？"

很多天过去了，石头实在是太无聊了，于是决定下山去看看。

他倾斜着身子，向山下滚去，"咕咚咕咚，咕咚咕咚……"。

过了好久，石头才滚到山脚下。山下的生活很快乐，青蛙、野兔和蝴蝶都成了他的朋友。

这天，一群村民发现了石头。他们围着他左看看、右瞧瞧，忍不住感叹道："真是一块好石头啊！"

成长笔记

几千年前，我们的祖先是用石头来生火的。

9

最终，石头被分成了许多块方方正正的石块，石块又被运回村子砌成了石桥。石桥建成的那天，村子里非常热闹。村民们都说："有了石桥，过河再也不用绕很远的路了。"

石桥为村民们提供了便利，而余下的石块并非毫无用处。

每天清晨，村里的妇女都会到河边洗衣服。她们将衣服放在石块上，然后用木棍敲打，衣服很快就被洗干净了。

看着村民们来来往往，辛勤劳动，石头感觉心里暖暖的。

时间一天天过去，小村庄也慢慢改变了模样。一栋栋楼房拔地而起，汽车也越来越多。终于有一天，钢筋水泥桥取代了石桥，那些被拆毁的石块被遗落在河的两岸。

现在，石头又变小了很多。

成长笔记

　地面上的石头会受到天气和气候的影响，长期冷热交替，会使石头开裂破碎。

16

就这样，石头在河边待了很多年。

有时候，太阳晒得他浑身发热；有时候，他又在
风雨中冷得发抖。慢慢地，石头越来越小。

变小了的石头散落在河里，河水从他身上流过。随着时间的推移，石头被磨去了棱角，变成圆圆的、光滑的卵石。

成长笔记

河水流过，与石头发生摩擦，长时间的冲刷会使石头变成圆圆的卵石。

　　一个偶然的机会，石头又被一位老爷爷带回家，和许多卵石一起铺在了院子里的一块空地上。每天晚饭过后，老爷爷都要赤着脚在那块卵石地上散步，据说这样可以按摩脚下的穴位，有益身体健康。

又过了几年，在雨水的冲刷和太阳的炙烤下，石头碎成了更小的小石子。石头现在比豌豆还小了，他安静地躺在院子里。

成长笔记

鸡、鸭等飞禽类动物没有牙齿，它们会吃掉一些细小的石子儿，在胃里，利用小石子儿的滚动磨碎食物。

一个晴朗的日子，一只刚吃饱的母鸡看到了石头，欣喜地说：
"石头，石头，让我吃了你吧，好帮我消化食物。"

石头得知自己还有这个作用，便毫不犹豫地点了点头。

"咯咯咯"，母鸡啄起石头，仰着脖子将他吞进了肚子里。

母鸡的肚子很温暖，石头每天都努力地帮助母鸡磨碎食物。偶尔，他也会想起自己曾经在山顶傲视万物的时候。这一切真的太神奇了！

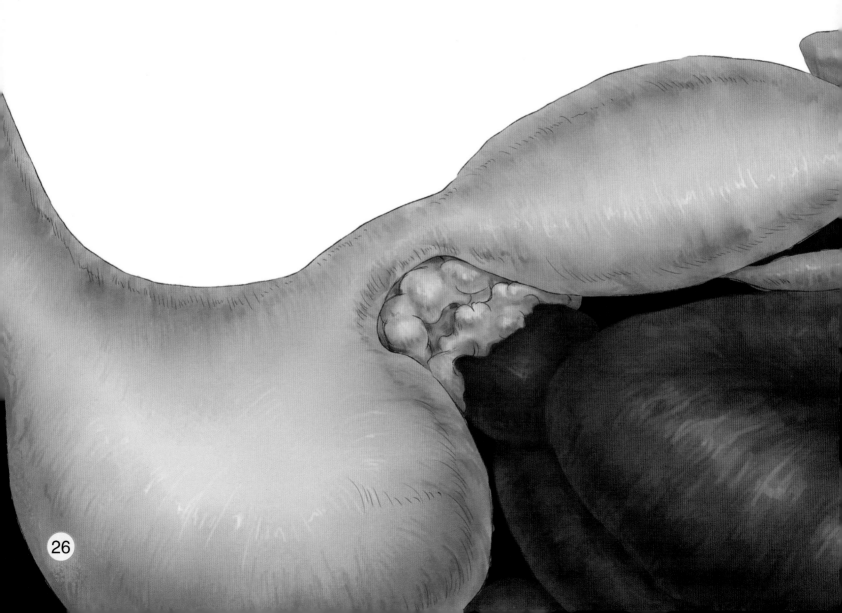

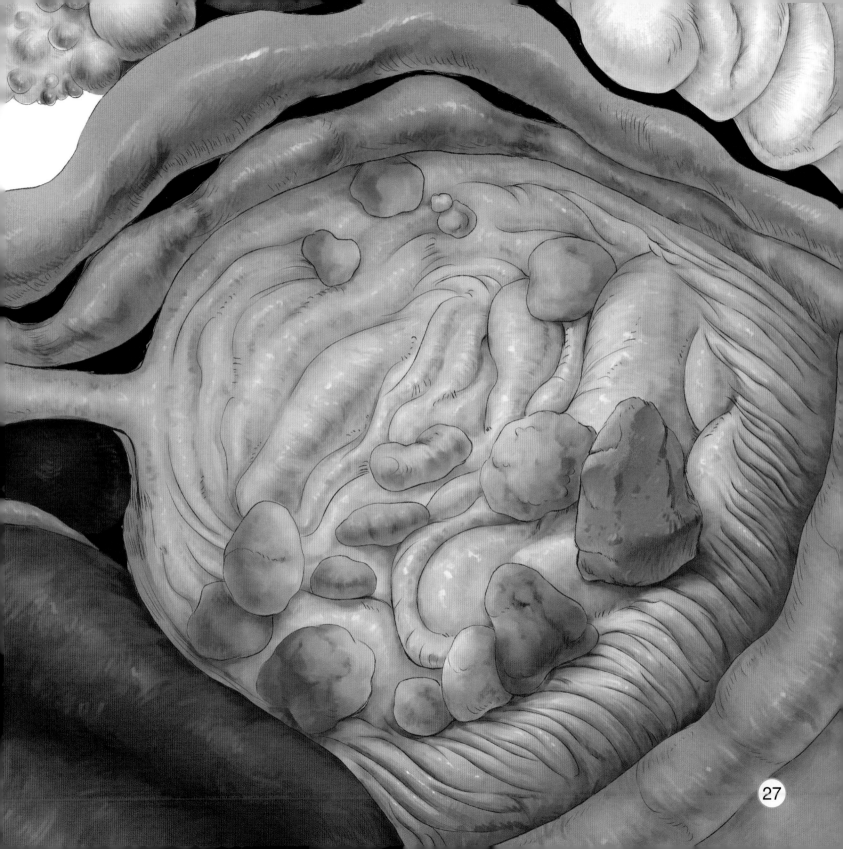

那些有特异功能的

石头

会发光的石头

萤石就是一种会发光的石头。它本质上是一种矿物，在紫外线的照射下，会发出蓝绿色的荧光。

最软的石头

目前人类已知的最软的石头是滑石，用指甲就可以将它划出痕迹。滑石一般为白色，略微带点绿色，摸起来十分润滑。

可以浮起来的石头

浮石是火山爆发的产物。它的内部结构呈蜂窝状，里面有大量的空气，再加上本身重量很轻，因此可以漂浮在水面上。

　　石头是大岩体遇外力而脱落下来的小型岩体，多依附于大岩体表面，一般是块状或椭圆形。石头的质地坚固而脆硬，表面有的粗糙、有的光滑。

　　远古时候，原始人拿石头来摩擦生火，还将石头制成各种器具，比如砍柴的斧头、切菜的刀、耕地的犁、针灸的针等，用途有很多呢。

神奇的植物

周冲 文/图

我的第一套
科学探索
绘本

 云南出版集团　云南美术出版社

图书在版编目（CIP）数据

神奇的植物 / 周冲文、图. -- 昆明 : 云南美术出
版社，2023.7
（大自然的奥秘）
ISBN 978-7-5489-5400-2

Ⅰ．①神… Ⅱ．①周… Ⅲ．①植物－儿童读物 Ⅳ.
①Q94-49

中国国家版本馆CIP数据核字(2023)第128772号

责任编辑：何　花
责任校对：赵雪妮 李志敏 缪　伟
出版统筹：新奇遇•周　冲汤　雯
丛书策划：宁　阳 张文璞 肖　超
装帧设计：新奇遇•管　裴 刘赣立

大自然的奥秘

神奇的植物

周　冲 文/图

出版发行：云南出版集团 云南美术出版社
（云南省昆明市西山区环城西路 609 号）
印　　刷：三河市兴国印务有限公司
开　　本：787 mm×1092 mm　1/12
印　　张：13.5
字　　数：150千
版　　次：2023年7月第1版
印　　次：2023年10月第1次印刷
书　　号：ISBN 978-7-5489-5400-2
定　　价：100.00 元（全5册）

写给孩子的"大自然的奥秘"

　　每个孩子都是天生的科学家，他们总是对大自然充满好奇，渴望了解奇妙的昆虫、走近神奇的植物、探究风的成因……

　　这套"大自然的奥秘"绘本正好可以满足孩子的求知欲望，增长他们的智慧。如书中通过小蜜蜂的一次奇妙的旅行，介绍了蜻蜓、蝈蝈和萤火虫等昆虫的生活习性；野鸭婆婆对小青蛙的教导，指出原来植物还有一个鲜为人知的秘密；一颗小水滴的奇遇，揭示了水的生命历程。

　　在这种轻松而有趣的阅读中，孩子还能欣赏到细腻而精美的画面。与此同时，书中又巧妙地设计了"成长笔记"和"延伸阅读"两个小栏目，它们将有效激发孩子的想象力，使其更加热爱科学。

　　快来和我们一起翻开这套书，去探索大自然的奥秘吧！

森林的池塘里住着一只名叫呱呱的小青蛙。池塘里还有小鱼、小虾、小泥鳅等，他们都是呱呱的好朋友。

小青蛙呱呱特别喜欢家门前的一株莲花。那干净的、粉红色的花瓣，大大圆圆的、绿色的叶子和纤长的柄，在呱呱眼里，莲花简直就是水中的仙女。

🔍 成长笔记

莲花又称荷花、水芙蓉，是一种生长在水中的植物，每年6月至9月开花。

每当夜幕降临的时候，呱呱就会蹲在池塘的石头上，鼓动着白色的腮帮，为莲花唱着洪亮而有节奏的歌，"呱呱呱，呱呱呱⋯⋯"。

深夜，当讨厌的蚊子靠近莲花时，呱呱会毫不犹豫地伸出舌头，将蚊子一口吞进肚子里。

　　一天，呱呱在森林里玩耍的时候捡到几条紫色的丝带，它们在阳光下发出柔滑的光泽。呱呱高兴极了，咬起丝带，以最快的速度跳回池塘。

呱呱把丝带当作礼物送给莲花。他将丝带绕在莲花的花柄和叶柄上，然后系成一个一个蝴蝶结。

紫色的蝴蝶结在微风中摆动着，好像活了一般。

成长笔记

莲花和睡莲是两种不同的植物，莲花的叶子高出水面，而睡莲的叶子紧贴水面。

第二天清晨，呱呱像往常一样来看望莲花，可眼前的一切却把他吓坏了。

莲花无精打采地低着头，花瓣的尖端像枯叶一样卷曲着。

呱呱急得上蹿下跳，他一会儿给莲花捉虫，一会儿用树叶给莲花遮挡阳光。

　　太阳从东边升起，又从西边落下，一整个白天过去了，莲花丝毫不见起色。呱呱又失落又疲惫地坐在荷叶上，"哇哇哇"地大哭了起来。

呱呱的哭声引来了住在池塘边的野鸭婆婆。野鸭婆婆问清原因后，摇晃着脑袋仔细地观察着莲花。

　　"哎呀，我知道了，都是因为这些丝带啊！"野鸭婆婆说道。"丝带怎么了？"呱呱挠挠头，一脸困惑。

　　"莲花的叶柄是空心的，因为这是它用来输送空气的管道啊，现在丝带勒住了它的'气管'，它不能把氧气运送到根部，所以就枯萎了。

　　"什么，莲花也需要呼吸？"呱呱吃惊地问道，"它没有肺，用什么呼吸呢？"

成长笔记

　　所有植物都会呼吸，而且植物的根、茎、叶、花和果实都会呼吸。

"莲花当然需要呼吸。莲花的叶子、叶柄和花柄上都有呼吸用的气孔。"

"原来是这样啊！"呱呱自责极了，"都是我的错，都是我的错……"

知道真相后，呱呱赶忙解下丝带，还不停地对莲花道歉。

成长笔记

　　藕就是莲花的茎，藕里面的小孔就是莲花将空气运输到根部的通道。

25

太阳再次升起的时候，莲花已经恢复成了以前的样子。呱呱脸上又露出了笑容。

那些丝带呢？它们被野鸭婆婆叼回了自己的巢里，野鸭家又有新的毯子啦。

不可思议的植物

喜欢吃肉的植物

猪笼草是一种生长在热带地区的食肉植物，因为长有猪笼形状的捕虫囊而得名。它的捕虫囊里能分泌出吸引昆虫的香甜液体，昆虫自己爬进或者不小心失足滑进捕虫囊时，就会被囊内的消化液慢慢消化掉。

会"行走"的植物

　　卷柏是一种会"行走"的植物。在缺水的情况下，卷柏会将根从土壤中抽离出来，将枯黄的身体蜷缩成一团。当它在风的作用下移动到有水源的地方时，又会再次扎根生长，变回绿色。

最会伪装的植物

　　石生花是一种原产于非洲南部的多肉植物，也是植物界里名副其实的"伪装大师"。它球状的身体埋入土里，仅露出酷似石头的顶面。如果不亲手触摸它，你可能真的以为它只是一块没有生命的石头呢。

莲花被称为"活化石"，因为在人类出现的很久很久以前，就有莲花了。它用途多多，莲子、根茎、藕节、莲叶、种子都可以入药。

莲花是中国十大名花之一。中国是世界上栽培莲花最多的国家之一。